第二届中国杯盆景大赛专辑

THE SECOND CHINA CUP PENJING COMPETITION

中国花卉协会盆景分会◎主编

中国林业出版社

图书在版编目(CIP)数据

第二届中国杯盆景大赛专辑 / 中国花卉协会盆景分会主编 . —北京：中国林业出版社，2017.12

ISBN 978-7-5038-8853-3

Ⅰ . ①第…　Ⅱ . ①中…　Ⅲ . ①盆景—观赏园艺—中国—图集　Ⅳ . ① S688.1-64

中国版本图书馆 CIP 数据核字（2017）第 309916 号

责任编辑：何增明　张华

出版　中国林业出版社（100009　北京西城区德内大街刘海胡同 7 号）
http：//lycb.forestry.gov.cn　电话：（010）83143517
制版　北京八度出版服务机构
印刷　北京雅昌印刷有限公司
版次　2018 年 7 月第 1 版
印次　2018 年 7 月第 1 次
开本　635mm × 965mm　1/8
印张　25
字数　420 千字
定价　260.00 元

《第二届中国杯盆景大赛专辑》
编辑委员会

前　言

第九届中国花卉博览会于2017年9月1日至10月7日在银川举行，在此期间，第二届中国杯盆景大赛于花博园四季馆举办。9月17日开幕，9月24日闭幕。举办大赛的主题是：区域联动，合作共赢。本届大赛由中国花卉协会盆景分会与银川市人民政府共同主办，银川市林业局承办，宁夏回族自治区花卉协会协办。本届大赛得到全国广大盆景爱好者、盆景分会会员的积极支持和广泛参与，共有13个省（自治区、直辖市）组织了179家单位和个人、268盆盆景参加比赛。

为记录大赛盛况，编委会将大赛的活动概况、组织机构、比赛内容、比赛规则、比赛结果、参赛选手名单、评委和监委等方面编入专辑。本书收录的内容既有开幕式场景、参观场面的广角扫描，又有获奖作品、大师表演的近景特写；既有丰富的图片资料，又有详实的文字说明。真实记录了大赛组委会精心策划的比赛、展示、表演三大活动亮点。全书力求全面展现大赛实况和整体水平，为读者提供更高层次的艺术鉴赏和享受。

编　者

目录

CONTENTS

The second
China Cup
penjing competition

第二届中国杯盆景大赛基本情况

第九届中国花卉博览会开幕式现场

第二届中国杯盆景大赛开幕式

中国花卉协会副秘书长陈建武讲话

中国花卉协会盆景分会执行会长施勇如主持开幕式

评委会主任陈树国在开幕式上宣读获奖名单

银川市人民政府副市长李鸿儒致辞

第二届中国杯盆景大赛开幕式启动仪式

第二届中国杯盆景大赛颁奖仪式

第二届中国杯盆景大赛于2017年9月17日至9月24日在银川市花卉博览园四季馆成功举办。

本届中国杯盆景大赛由中国花卉协会盆景分会、银川市人民政府主办，银川市林业局承办，宁夏回族自治区花卉协会协办，以“区域联动　合作共赢”为主题。强调和突出盆景流派、社团组织和盆景爱好者之间的广泛交流，拓宽合作共赢的空间，推动盆景产业跨区域发展。作为全国盆景界的一次盛会，本届大赛汇聚了来自北京、河南、江苏、浙江、上海、广东、广西、山西、四川、安徽、福建、湖北、青海等13个省（自治区、直辖市）的268盆盆景参赛。盆景规格俱全，树种多样，区域广泛，涵盖树木盆景、山水盆景、水旱盆景、微型组合盆景、观花观果等各类盆景。

经过评委专家组的认真评选，共评出总冠军奖1名，金奖19名，银奖30名，铜奖43名，新锐奖5名，最具产业化生产潜力奖5名，最受观众喜爱奖3名，大赛组织奖6名。

为丰富大赛内容，活跃展厅气氛，交流盆景技艺，组委会邀请了5位著名盆景专家进行现场盆景创作表演并讲解制作技艺，吸引了众多观摩者。

9月17日上午举行第二届中国杯盆景大赛开幕式，中国花卉协会副秘书长陈建武、银川市人民政府副市长李鸿儒、银川市人民政府副秘书长刘战武、中国花卉协会联络部副处长孔海燕、宁夏花卉协会副会长刘廷俊、银川市林业局局长陈志鑫、如皋市人民政府副市长张百璘、中国花卉协会盆景分会会长郑长才等出席，并且为获得大赛总冠军奖和金奖的选手颁奖。

本届大赛主要特点和重要意义在于一是借助花博会平台，极大地提升赛事品牌的知名度和影响力。中国花

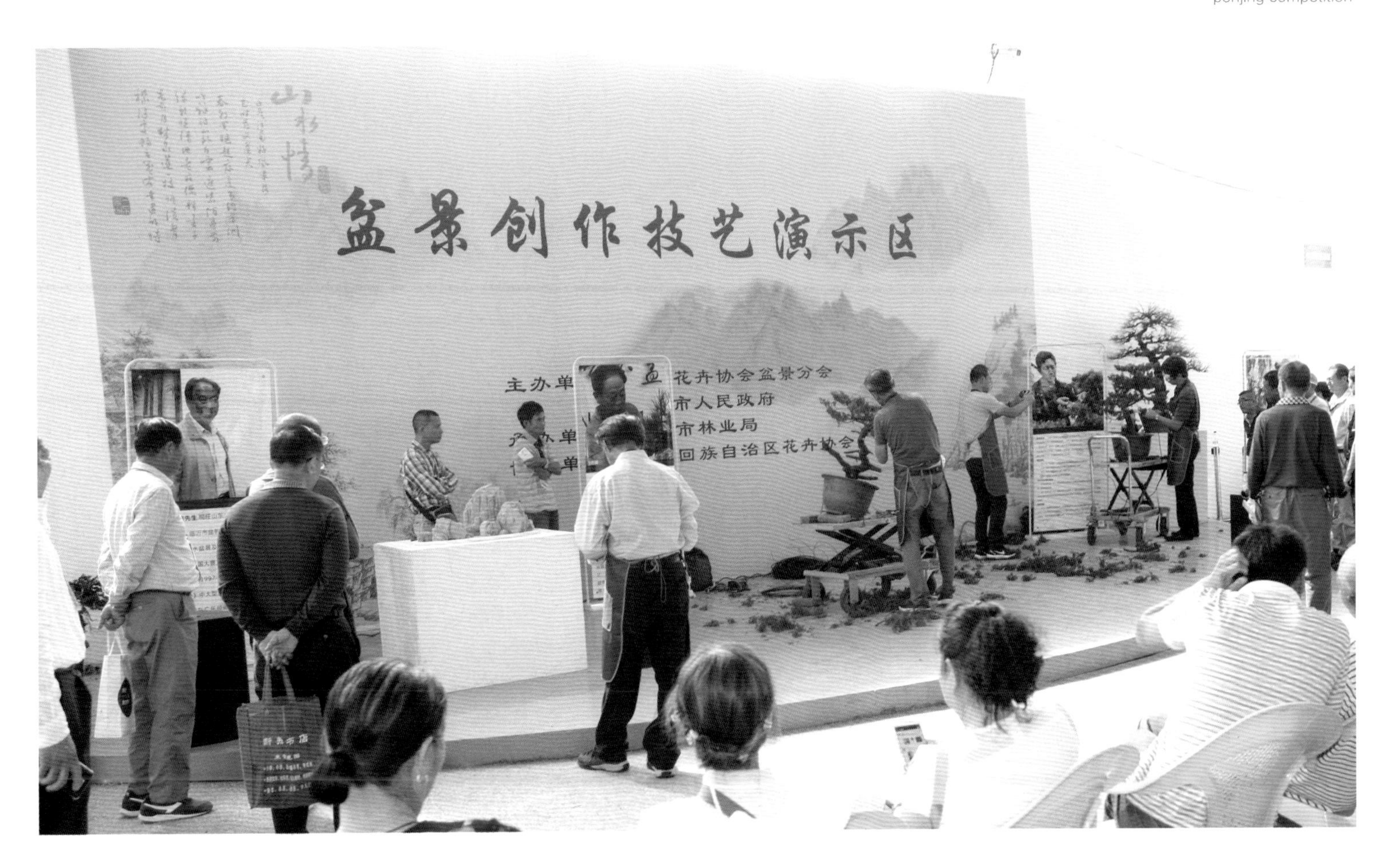

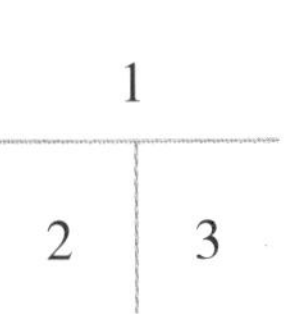

1 大师表演现场

2 盛影蛟进行现场示范表演

3 胡贞信进行现场示范表演

1

2 3

1 赵伟进行现场示范表演

2 韩国的金锡柱进行现场示范表演

3 王如生进行现场示范表演

卉博览会是我国规模最大、档次最高、影响最广的国家级花事盛会，被称为中国花卉界“奥林匹克”，对促进交流、扩大合作、引导生产、普及消费等方面起着巨大的推动作用。利用这个平台举办全国盆景大赛，提升了赛事活动的规格和档次。二是在非盆景主产区举办，有力地推动我国西北地区盆景产业的发展，引导盆景产业欠发达地区因地制宜、挖掘和放大自身优势。三是作为中国花卉协会最年轻的分会，中国花卉协会盆景分会与其他分支机构一起，在花博会的舞台上同台竞技，接受全国人民的检阅，不仅是比活动的精彩，更重要的是有利于提升分会的组织能力和水平。

另外，第二届中国杯盆景大赛举办期间，2017中国花卉协会盆景分会理事会于9月17日下午在宁夏银川召开。会议通报了第一届理事会以来的工作情况及明年工作安排，通过了增补、调整分会成员方案，举行了首批

2017 中国花卉协会盆景分会理事会及授牌仪式

盆景分会工作站授牌仪式，并且部署了继续完善全国盆景产业调研报告的工作。

本次授牌的盆景分会工作站是：广东省工作站、福建省工作站、浙江省工作站、四川省工作站、安徽省工作站、河南省工作站。

广东省工作站设在广州盆景协会，站长是广州盆景协会副秘书长王鹰击；

福建省工作站设在福建省花卉协会盆景分会，站长是福建省花卉协会盆景分会会长唐自东，下设七个副站长，分别是：林联兴、林文镇、何舒桐、蔡子章、王礼宾、王传新、刘景生。

浙江省工作站设在浙江省花卉协会盆景分会，站长是浙江省花卉协会盆景分会会长袁心义，下设副站长包小平。

四川省工作站设在四川省花卉协会盆景分会，站长是四川省花卉协会盆景分会副会长胡世勋，下设副站长何相达。

安徽省工作站设在蚌埠市花卉协会，站长是蚌埠市花卉协会副秘书长高杰。

河南省工作站设在河南省花卉协会盆景分会，站长是河南省花卉协会盆景分会执行会长韩新华。

中国花卉协会副秘书长陈建武、联络部副处长孔海燕，宁夏回族自治区花卉协会副会长刘廷俊，中国花卉协会盆景分会会长郑长才、执行会长施勇如，第九届花博办主任陈银芬等出席会议。来自北京、上海、江苏、浙江、安徽、福建、山东、河南、湖北、广东、四川等多个省（自治区、直辖市）的80多位代表出席会议。

评委评比

1	2
3	4

1 评委评比

2 展馆现场

3 领导来宾巡展

4 领导及嘉宾观赏获总冠军奖的盆景作品

第二届中国杯盆景大赛组织奖

The second China Cup
penjing competition

根据各省组织参加第二届中国杯盆景大赛的相关情况，经组委会综合评定，评出组织奖六名，其中：

一等奖一名：福建省泉州市清源盆景俱乐部

二等奖二名：河南省中州盆景学会

广州盆景协会

三等奖三名：安徽省花卉协会

浙江省花卉协会盆景分会

湖北省花木盆景协会盆景分会

第二届中国杯盆景大赛评奖要求

The second China Cup
penjing competition

一、参赛盆景要求

1. 类型：树木盆景、山水盆景、水旱盆景、微型组合盆景、花果类盆景等均可参赛。

2. 规格：

（1）树木盆景：大型91～120cm，中型51～90cm，小型16～50cm。

（2）山水、水旱盆景：大型盆长91～150cm，中型盆长51～90cm，小型盆长16～50cm。

（3）微型组合盆景：由5盆（含5盆）以上组合，树高15cm以下的树木盆景，盆长15cm以下山水、水旱盆景，置博古架或道具组合而成。

（4）花果类盆景：规格同树木盆景。

注：树木盆景规格以盆面根茎部至顶梢的长度计算；大悬崖型树木盆景规格以盆口至飘枝梢端空间长度计算；山水、水旱盆景以盆长计算。超过规定规格的各类盆景（盆、景、架），不予评审。

二、评分原则与标准

1. 评分原则

（1）遵循公开、公平、公正的原则，评委、监委的参展作品不得参加评比。

（2）坚持标准、认真负责、尽量减少失误；要对每一件作品的评审结果负责。

（3）评比时，评委必须单独对作品评审打分，不得互相商议，不得互通评比意见和结果。

（4）评比过程由监委全程监督。

（5）评委打分完成后，要在每张评比表上签上自己的名字，以便查询。

（6）评比结果公布前，评委不得泄露评奖结果。

2. 评分标准

（1）树木盆景（100分）

评价要点		具体要求	评分分量占比（%）
题名		命名恰当，寓意深远，是对造型与内涵的高度概括	5
景	总体	因材施型，加工技术运用恰当，制作精细，“形神兼备”“小中见大”“源于自然、高于自然”，艺术感染力强	70
	分项	造型的平衡性、协调性和艺术性	40
		植物选材的恰当性和健康程度	30
盆		配盆的款式、质地、大小、深浅、色泽与主题匹配	20
架		几架造型、大小、高矮、色彩、花纹、工艺等与盆景配置协调	5

（2）山水盆景、水旱盆景（100分）

评价要点		具体要求	评分分量占比（%）
题名		命名恰当，寓意深远，是对造型与内涵的高度概括	5
景	总体	选材得宜，运用盆景艺术创作原则，精心取舍、组合、布局，恰到好处的配置植物、点缀摆件，达到立体山水画的效果，意境深远。	80
	分项	山石等材料选择的恰当性和环保性	20
		造型的平衡性、协调性和艺术性	40
		植物选材的恰当性和健康程度	20
盆		配盆的款式、质地、大小、深浅、色泽与主题匹配	10
架		几架造型、大小、高矮、色彩、花纹、工艺等与盆景配置协调	5

（3）微型盆景组合（100分）

评价要点	具体要求	评分分量占比（%）
题名	命名恰当，寓意深远，是对造型与内涵的高度概括	5
群体组合效果	组合元素搭配的平衡性、协调性和艺术性	20
	微型盆景按树木、山水、水旱盆景的评分标准，达到“缩龙成寸”“小中见大”的艺术效果。要求其中植物所占空间不低于20%，盆景中植物应在盆中养护至少一年以上。其中选材、造型和植物健康所占比例分别为10%、30%、20%	60
博古架（道具）	造型优美，工艺精良，与微型盆景、配件相得益彰，达到最佳观赏效果	15

（4）花果类盆景

评价要点		具体要求	评分分量占比（%）
题名		命名恰当，寓意深远，是对造型与内涵的高度概括	5
景	总体	因材施型，加工技术运用恰当，制作精细，“形神兼备”“小中见大”“源于自然、高于自然”，艺术感染力强	70
	分项	造型的平衡性、协调性和艺术性	35
		植物健康，花或果实色泽鲜艳亮丽，大小、多寡与植株相协调	35
盆		配盆的款式、质地、大小、深浅、色泽与主题匹配	20
架		几架造型、大小、高矮、色彩、花纹、工艺等与盆景配置协调	5

第二届中国杯盆景大赛评比委员会、监督委员会名单

评比委员会

主　任：陈树国

成　员：王选民　刘传刚　冯连生　陆志泉

监督委员会

成　员：何相达　王　林　左春霞

The second
China Cup
penjing competition

第二届中国杯盆景大赛

获奖作品介绍及部分参赛作品展示

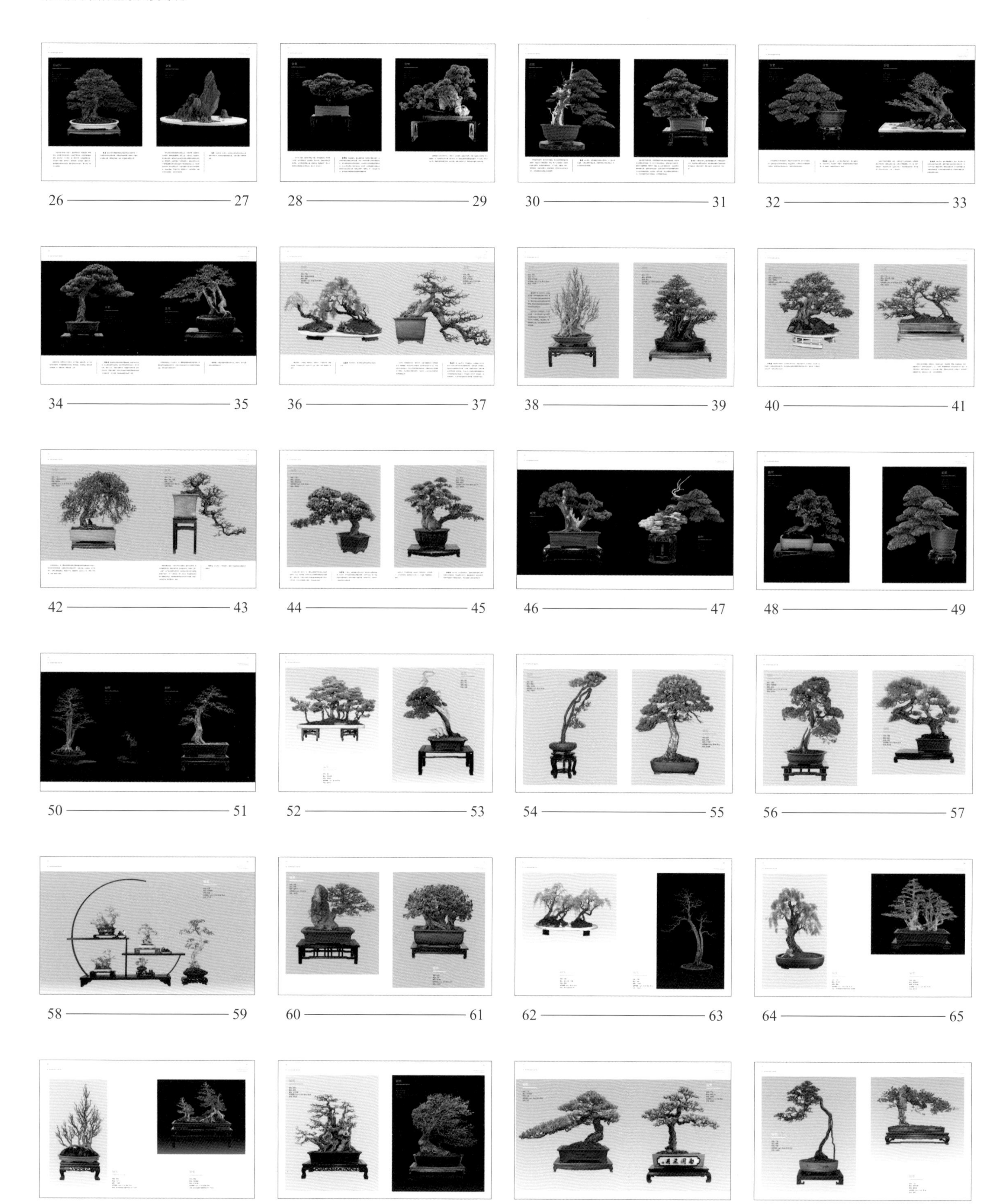
26 27
28 29
30 31
32 33
34 35
36 37
38 39
40 41
42 43
44 45
46 47
48 49
50 51
52 53
54 55
56 57
58 59
60 61
62 63
64 65
66 67
68 69
70 71
72 73

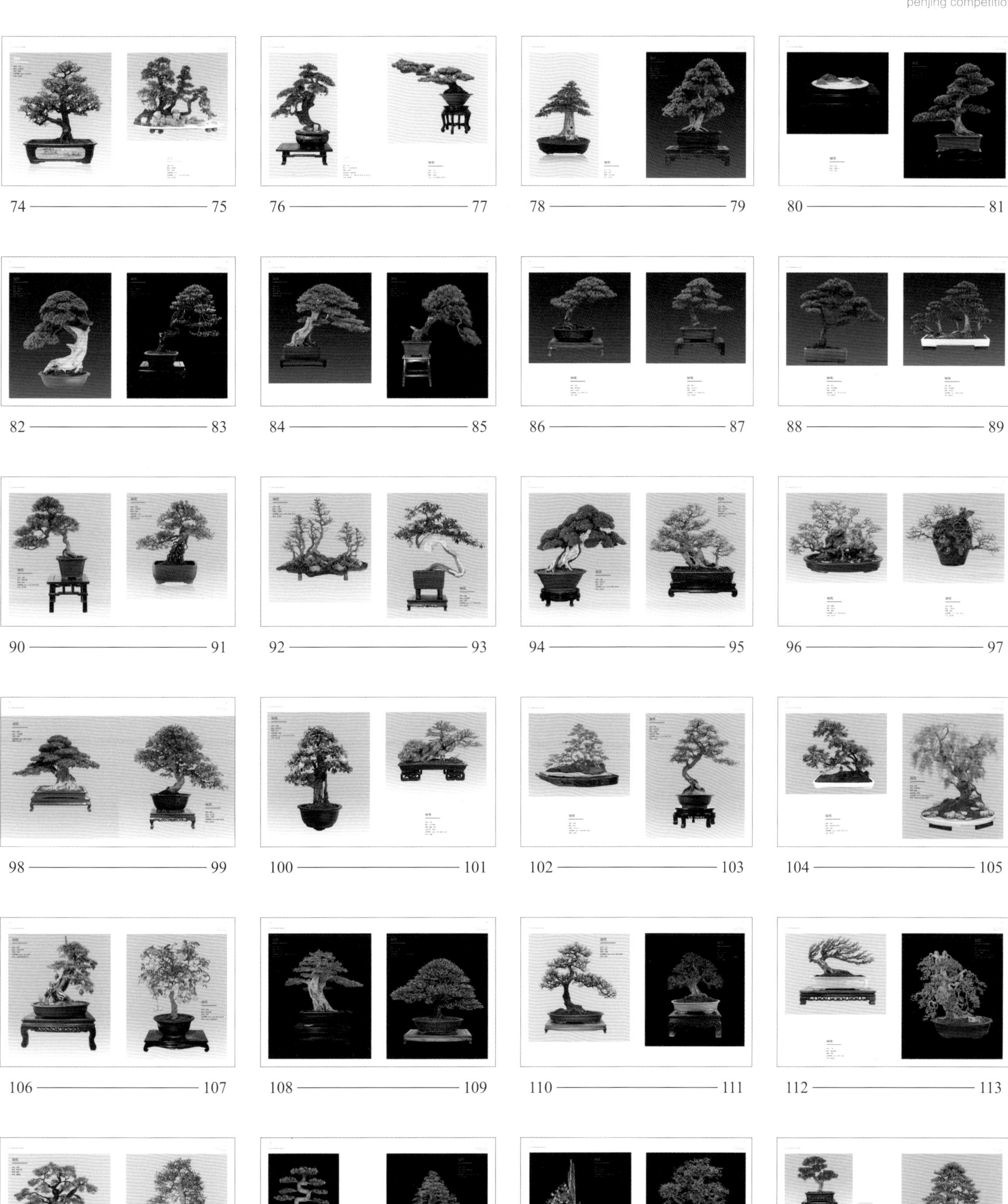

122 123
124 125
126 127
128 129
130 131
132 133
134 135
136 137
138 139
140 141
142 143
144 145
146 147
148 149
150 151
152 153
154 155
156 157
158 159
160 161
162 163
164 165
166 167
168 169

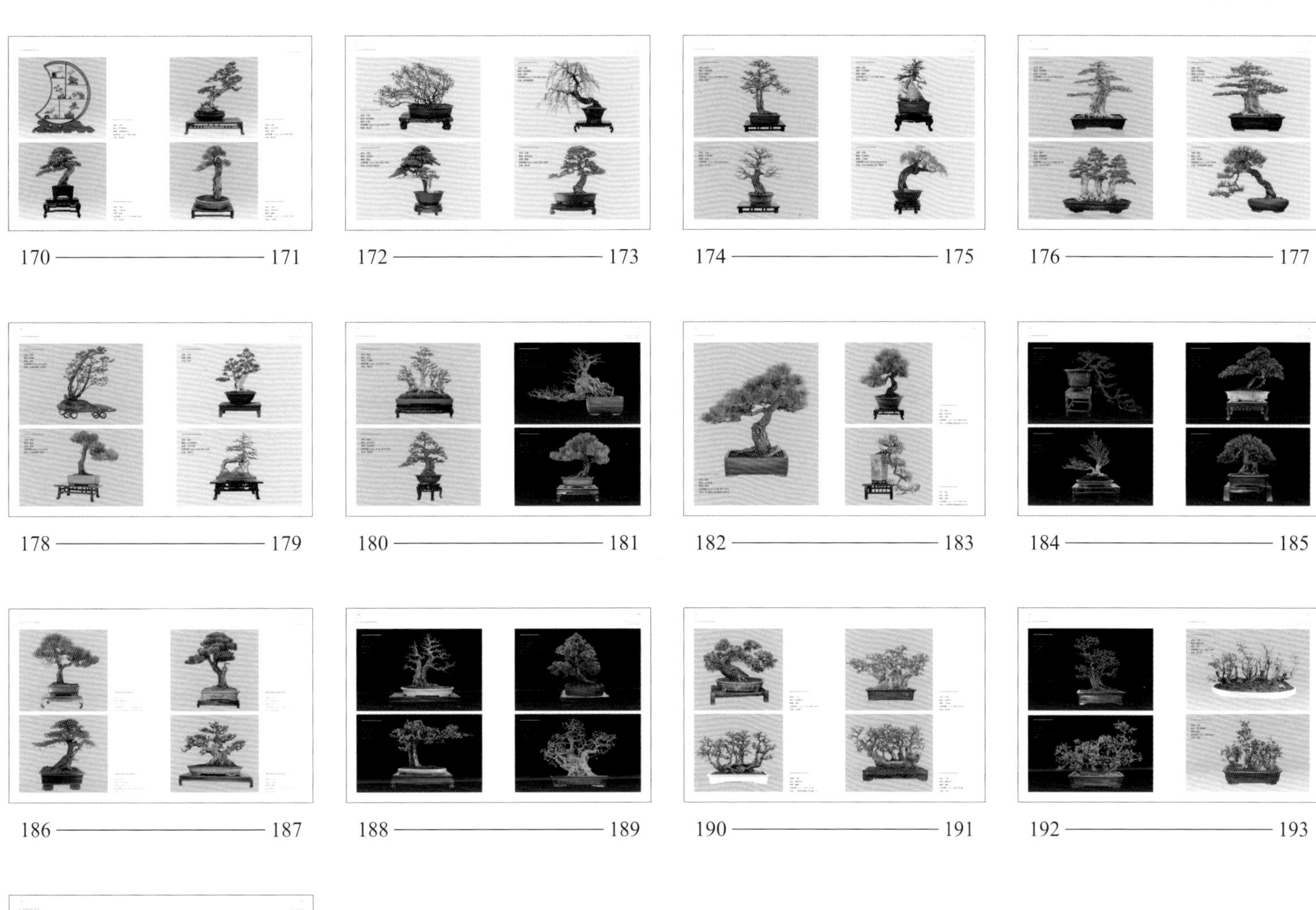

170 —— 171

172 —— 173

174 —— 175

176 —— 177

178 —— 179

180 —— 181

182 —— 183

184 —— 185

186 —— 187

188 —— 189

190 —— 191

192 —— 193

194 —— 195

总冠军

省份：广东
题名：王者至尊
树种：香楠
盆景规格（cm）：长120 宽110 高70
作者：陈昌

作品发挥了桩材一本双干、底部浑圆苍古、根基沉稳、树型矮壮、富有霸气等众多优点。左边刹干蓄育成一久经沙场的御前猛将，镇定自若，伫立君旁。主干器宇轩昂，右边前托斜出击，如托塔天王展臂，挥洒有力，势转乾坤。其余枝托，随形布局。整体树型丰满却富有层次，枝叶苍翠而不失威严，霸气凸显，极具王者风范！

陈昌 现任中国风景园林学会花卉盆景赏石分会理事长、广州盆景协会永远名誉会长、世界盆景友好联盟（WBFF）中国地区委员会主席、国际盆景协会（BCI）中国地区委员会主席。

金奖

省份：北京
题名：春风帆影
作者：高存

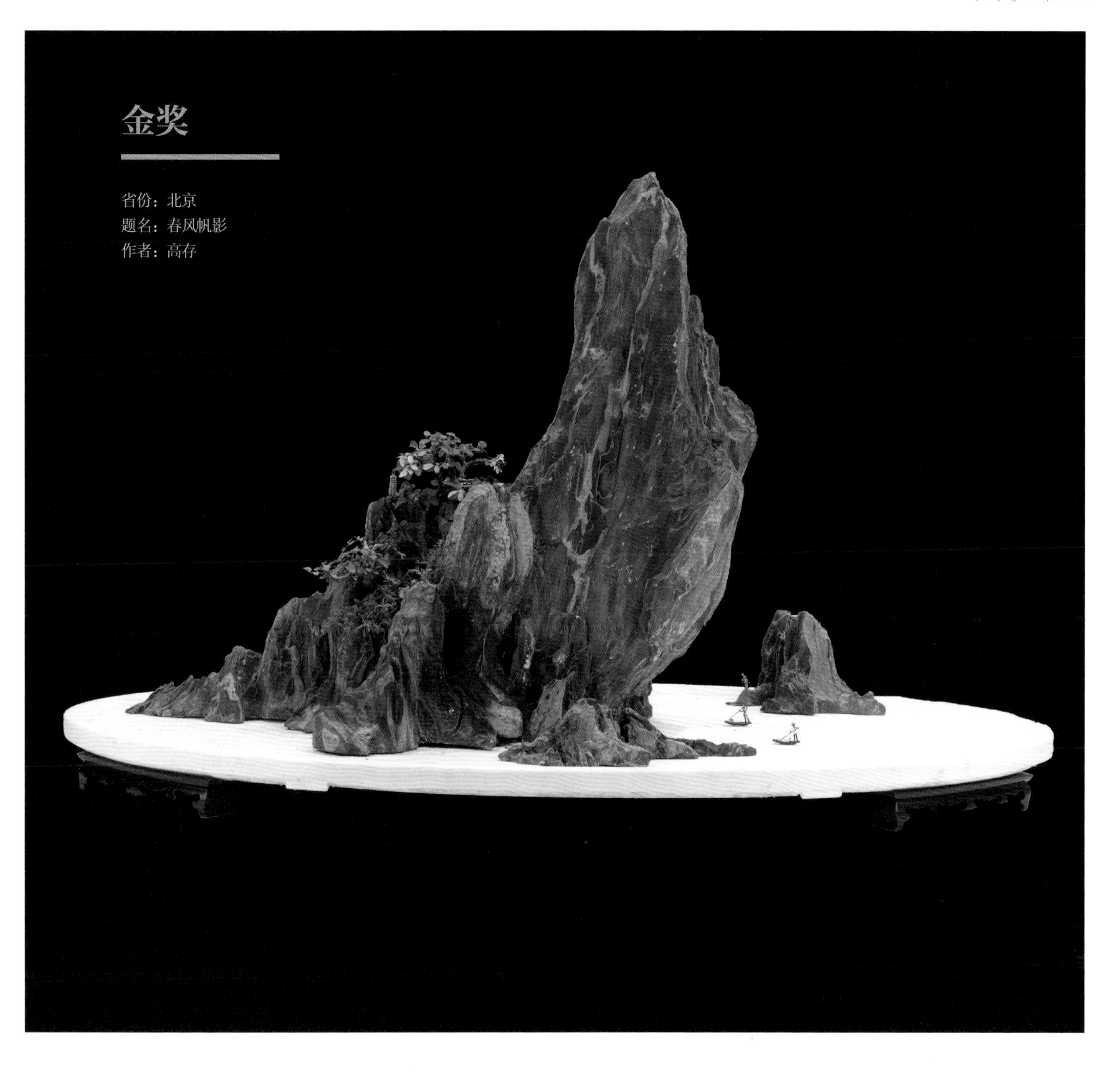

此作品选用北京最有特点的燕山石，纹理清晰、色彩鲜明、自然成型。根据它的独特性，因石立意，以简为主，简洁明快，但不缺乏意境。选用汉白玉盆加之青黄色山峰使作品更加自然秀丽、峻峭雄伟，从而更增加了作品的感染力。根据主峰特点山体下部的坡脚顺主峰由高到低起伏下降逐渐延伸至江边，使主峰悬而不倒，险中显现着安然。在盆右侧的小组山峰与主峰遥相呼应，绿色的植被、开阔的江面、清澈的江水、忙碌的渔船，仿佛春风吹动着船帆，迎接春天的到来。

高存 1958年生，北京人。20世纪90年代师从北京山水盆景名家刘宗仁。现为北京盆景协会会员，北京盆景艺术研究会会员。

百年以上树龄，遒劲有力腾云飞卷，老干盘曲苍劲，树身鳞片斑驳，宛若道骨仙风，生机勃勃、风华正茂。若按盆景传统思维考虑，左右两出枝稍嫌上翘，但取景名“鲲鹏展翅”，两大主枝犹如大鹏双翅立显冲霄之态，景名合一恰如其分。

盛影蛟 上海浦东人，出生盆景世家。国家级盆景职业技师。20世纪80年代开始独立制作盆景。1984-1985年进修于上海农学院园艺系，有扎实的理论知识与实践经验。1990年创立上海旺盛园艺有限公司，专业从事盆景生产及景观工程。2005年，与上海海湾国家森林公园合作成立盆景专类园“影蛟盆景苑”。现有大、中、小型盆景万余盆。在市级国内和国际级盆景展评中屡获大奖。

金奖

省份：上海
题名：恬淡
树种：真柏
作者：上海旺盛园艺有限公司

该树繁殖于20世纪50年代，一本多干，方向各异，感觉过于分散。作者一反盆景点石常规，中心置湖石一方，使其松散之形立聚，重心归中。几主干犹如遇巨石滚落而四向散开，平中出奇，合乎自然之理。再施以剪扎并蓄之年功，日积月累，呈现一派祥和之气，犹如山村古树归于恬淡宁静。

金奖

省份：江苏
题名：汉柏凌云
树种：真柏
作者：徐俊

中国盆景的创作，要以自然为依托，将大自然的美景进行高度概括，创造出艺术美的画境，形成一幅“立体的画”。在盆景的创作过程中，处理好景物的主次，片子高低，丝雕刻、摘叶、修整相结合，柏树的舍利干、神枝的制作，靠作者有丰富的盆景知识，对真柏树的形态特征来正确处理。

徐俊 1958年生，江苏南通市如东县大豫镇人。从小喜欢花木盆景，从事盆景制作近40年，其盆景作品多次参加过县、市、省及国家级大赛并获奖。

金奖

省份：江苏
题名：跃龙门
树种：雀舌罗汉松
盆景规格（cm）：宽120 高100
作者：王如生

这盆雀舌罗汉松盆景，是采取海岛罗汉松为砧木高位嫁接、历经20多年的精心培育而成。它一本三干式的自然向生、苍翠的枝片巧妙布局，脱俗于当地满眼的“两弯半”风格。显示出作者继承传统、走出盆景风格的创新之路，流露出作者在选材、造型方面对自然的深刻理解与盆景艺术追求的独特把握。向右倾斜，极具动感。观之若植根在荒野河坡之处，历经风霜雨雪依然苍翠挺拔，自然野趣跃然盆盎。

王如生 江苏省如皋人，BCI国际盆景大师、中国盆景艺术大师。南通市职工盆景协会会长，如皋市花木盆景产业联合会盆景分会会长，从事盆景创作、研究40余年，被同行称为“苏北一怪”。

金奖

省份：江苏
题名：窥谷
树种：雀舌罗汉松
盆景规格（cm）：长100 宽50 高50
作者：徐海全

本作品使用大叶罗汉松的本，嫁接小叶雀舌罗汉松，树干自然优美，尺寸之间塑造大自然的优美景色。创造过程中，已经将自己的感情融化于构景中，树型以窥之势深探山谷，了解大自然的鬼斧神工。

徐海全 江苏如皋人。1998年从事盆景制作，学习盆景文化。2008年10月，在南通市“卉森杯”盆景职业技能竞赛中获得第一名，被授予“南通市技术状元”称号。

金奖

省份：浙江
题名：雄踞
树种：榆树
盆景规格（cm）：盆长120 宽50 高80
作者：徐立新

这盆水旱盆景由榆树、英石、小配件及汉白玉浅盆组成。左侧副树临水平伸而出，眺望辽阔的大海，右侧主树相随相拥，合为一体。树下绿茵怪石，牧童悠然自得。远处的大海上，有渔夫忙碌的身影。整个画面，表达作者对恬淡、宁静、自然的向往。

徐立新 1963年生，浙江省诸暨市人，医生。现为浙江省花卉协会盆景分会理事，诸暨市盆景艺术协会常务副会长。自1997年开始从事盆景创作，擅长杂木类盆景。其作品曾获第九届中国花博会银奖、长三角地区盆景展金奖，在省市各类展览中，获各类奖项20余次。

金奖

省份：浙江
题名：苍苍横翠微
树种：五针松
盆景规格（cm）：宽110 高105
作者：杨明来

这盆五针松，按传统云片式扎法，主干弯曲，过渡自然，主干奔主枝向右前舒展。作品取浙派高法出枝，树势迅猛，灵动飘逸，整体造型较为协调，有“苍松伏岗，伸枝迎客”之势。

杨明来 现任宁波市盆景协会常务副会长，他自1981年至今一直从事盆景创作与经营，在数十年盆景创作过程中，阅大师之作，学他人之长，作品在全国及省、市展览中多次获奖。其双干五针松《鸳鸯不独宿》在2013年金坛中国盆景精品展上荣获“中华瑰宝奖”。2013年获“浙江省盆景艺术大师”称号。

金奖

省份：福建
题名：心明
树种：榆树
盆景规格（cm）：宽105 高145
作者：叶宗裕

本作品经过近三十年的创作，从一棵枯老的榆树老桩改造而来，采用岭南手法加闽南自然手法，彰显出该作品虽历经岁月沧桑仍生机勃勃之态，不失为杂木类的代表作！

叶宗裕 从事盆景创作已有30年之久，作品多，曾多次获得各大盆景展览大奖。

金奖

省份：河南
题名：绿荫如水钓闲情
树种：柽柳
盆景规格（cm）：长120 宽60 高70
作者：马建新

两丘荒岗，一河清流，绿荫如水，闲情似云。竿直而守节，钓曲而有度，不居庙堂之高，而心怀天下之远。遁矣？待矣？隐者乎？智者乎？

马建新 河南郑州人，现任河南省中州盆景学会常务副会长。

金奖

省份：湖北
题名：飞龙在天
树种：对节白蜡
盆景规格（cm）：长115 高60
作者：邢进科

它的每一个枝桠都如龙爪，苍劲有力，它游弋顺畅的主干如矫健的龙身，奔腾翻卷，更有雄浑坚实的根盘，蕴含着龙的威严与气度，笑傲世间风云稳如泰山！再加上明亮的橘红色的深盆，冷峻的乌黑闪亮的雕花几架相衬，作品越发显得神采奕奕，气度非凡。让叱咤风云的神龙真真切切地活起来！

邢进科 男，1951年生，河南南阳人。从事园林工作四十余年，20世纪80年代师从贺淦荪教授学习“动势盆景”创作理论，随后结合本地树种对节白蜡、三角枫、朴树等创作出一大批全国盆景大赛金奖、银奖作品。于2001年5月由国家建设部城建司及中国风景园林学会联合授予“中国盆景艺术大师”荣誉称号。现居湖北荆门，于2015年创建湖北荆门盆景园，现有盆景千余盆。

省份：湖北
题名：向上
树种：对节白蜡
盆景规格（cm）：长75 宽70 高110
作者：刘永辉

刘永辉 男，武汉市人。自幼爱好盆景，为中国高级盆景艺术师，第八、九届中国花卉博览会盆景项目评委。现任中国花卉协会盆景分会常务理事、湖北花卉协会盆景分会副会长、武汉花卉协会副会长。

此作经过十七年的盆养、十余年的推敲、一次大的改作才基本成型。它的最大特点是“形态放纵向上，争高斗昂，升势劲起，气脉贲张”，像一把燃烧的火炬。艺术地表现出向上的时代精神。

金奖

省份：广东
题名：铁骨铮铮
树种：博兰
盆景规格（cm）树高95 盆长90 盆宽70
作者：陈昌

金奖

省份：广东
题名：疏影横斜水清浅
树种：虎斑榕
盆景规格（cm）：树高100 盆直径60
作者：吴成发

吴成发 1948年生于香港。自20世纪90年代始，钟情盆景创作、古盆收藏，并著有《我的盆景》《吴师盆景作品集》等，其作品在大陆及香港曾获得金奖200多个，被评为“中国盆景艺术大师”“国际盆景艺术大师”。

金奖

省份：广东
题名：金风玉露一相逢
树种：雀梅
盆景规格（cm）：长120 宽110 高70
作者：吴成发

一组两头连干雀梅树，在布局上，利用高位连干，育成苍劲、野趣、高低错落的“鹊桥”。意喻每年七夕，牛郎织女相会其上。石上“双儒”增加树景深度，亦见证有情人桥上相会。如今聚后桥空，待明年再会吧！——金风玉露一相逢，便胜却人间无数，柔情似水，佳期如梦，忍顾鹊桥归路。两情若是久长时，又岂在朝朝暮暮。

金奖

省份：广东
题名：云重枝垂姿紫作荫
树种：簕杜鹃
盆景规格（cm）：长120 宽90 高60
作者：吴成发

怀着创新意念，将一棵比较特别的垂枝式簕杜鹃以近树形态配在水旱石盆上。树身曲位多变而耸直，主枝托从高位直角式垂下，很有力度，生动多姿。在合适季节，全树长满艳丽紫花，像重云下压，紫霞垂照。远处石上小亭，增强立体深度，形成一幅动人图画。

金奖

省份：广东
题名：更上一层楼
树种：三角梅
盆景规格（cm）：飘长130
作者：周衍文

树景头飘出盆后，分段向下向左右摆动，最后向左收尾，有如手抱琵琶之势，枝托四歧分布，有如朵朵祥云，故起名“更上一层楼”，由于悬崖树型较难培育，按岭南盆景枝法技艺造型需花费时间很长，有“一景方成已十秋”的说法。花盆使用石湾变釉收身高盆，把树景的绿叶和花衬托得十分和谐，再配合旧坤甸木架，使其更古朴、典雅。

周衍文 1974年生，广东番禺人。现任广州盆景协会石楼盆景分会会长。

金奖

省份：广西
题名：志在凌云
树种：贵妃罗汉松
盆景规格（cm）：长100 宽150
作者：马荣进

作品是作者于2007年，从一棵5cm粗的中叶罗汉松小苗栽培起来的。经过7年的培殖，树干径15cm后按照以树取材进行截枝蓄干、养桩定型，后期又从中叶罗汉松进行换冠改造换上贵妃小叶罗汉松，经过3年的换冠、剪扎，至今作品已成熟。

马荣进 广西人。从事盆景工作30多年，现有两个盆景种植基地，共65亩。多年来参加国际盆景展并获奖。2009年12月，被广西盆景艺术家协会授予广西杰出盆景艺术家称号，2014年12月，又被授予广西盆景艺术大师称号。

时维九月，草木摇落变衰，唯金弹子万树深处红。壮年时种下，而今愈加苍劲，我却鬓丝日日添白头，应道是“物转星移几度秋”。

胡世勋 1943年生，四川成都温江人。成都三邑园艺绿化工程有限责任公司董事长，中国盆景艺术大师，高级园艺技师，高级工程师。现任中国盆景艺术家协会副会长、四川省盆景艺术家协会副会长。

银奖

省份：北京
题名：柏魂
树种：真柏
作者：何巧勇

银奖

省份：江苏
题名：听涛
树种：真柏
作者：翟本建

银奖

省份：上海
题名：草书
树种：地柏
作者：上海旺盛园艺有限公司

银奖

省份：江苏
题名：浩然回首
树种：雀舌罗汉松
盆景规格（cm）：长130 宽90 高90
作者：陈志祥

银奖

省份：浙江
题名：不破不立
树种：榆树
盆景规格（cm）：宽75 高98
作者：黄学明

银奖

省份：浙江
题名：英姿
树种：雀梅
盆景规格（cm）：宽98 高88
作者：周孟松

银奖

省份：浙江
题名：松林春晓
树种：五针松
盆景规格（cm）：宽120 高90
作者：张荣亭

银奖

省份：浙江
题名：写心
树种：真柏
作者：刘赟

银奖

省份：浙江
题名：巅松
树种：天目松
盆景规格（cm）：宽50 高100
作者：卢和平

银奖

省份：浙江
题名：旋舞
树种：五针松
盆景规格（cm）：宽100 高72
作者：陈迪演

银奖

省份：安徽
题名：风雅颂歌
树种：真柏
盆景规格（cm）：长65 宽55 高80
作者：江四九

银奖

省份：福建
题名：赶云
树种：黑松
盆景规格（cm）：宽110 高135
作者：陈永锋

银奖

省份：河南
题名：苍荆溢趣
树种：黄荆
盆景规格（cm）：长120 宽120 高120
作者：付士平

银奖

省份：福建
题名：和谐
树种：榆树
盆景规格（cm）：长72 宽98
作者：刘文和

银奖

省份：河南
题名：共荣
树种：野山楂
盆景规格（cm）：长90 宽60 高70
作者：白新强

银奖

省份：河南
题名：春风又绿二岸柳
树种：柽柳
盆景规格（cm）：宽95 高100
作者：郑州市西流湖公园

银奖

省份：河南
题名：迎秋
树种：三角枫
盆景规格（cm）：长80 宽60 高110
作者：冯如林

银奖

省份：河南
题名：黄河情
树种：柽柳
盆景规格（cm）：长80 宽45 高110
作者：郑州铁路局中州盆景协会/赵留群

银奖

省份：湖北
题名：题西林壁
树种：对节白蜡
盆景规格（cm）：长125 宽80 高125
作者：邵火生

银奖

省份：湖北
题名：七君子
树种：三角枫
盆景规格（cm）：长70 宽40 高95
作者：武汉兴农园艺有限责任公司/严志龙

银奖

省份：湖北
题名：青崖放鹿
树种：对节白蜡
盆景规格（cm）：长100 宽40 高70
作者：武汉兴农园艺有限责任公司/严志龙

银奖

省份：湖北
题名：献寿
树种：对节白蜡
盆景规格（cm）：长116 宽113 高110
作者：刑学会

银奖

省份：广东
题名：惠风和畅
树种：对节白蜡
盆景规格（cm）：长120 宽110 高65
作者：陈昌

银奖

省份：广东
题名：回首展翠
树种：山松
盆景规格（cm）：长80 宽70 高55
作者：陈昌

银奖

省份：广东
题名：南国三月
树种：两面针
盆景规格（cm）：长80 宽85
作者：黄震宇

银奖

省份：广东
题名：鹤舞
树种：雀梅
盆景规格（cm）：长100 宽75 高45
作者：赵德良

银奖

省份：广东
题名：峭壁飞檐
树种：簕杜鹃
盆景规格（cm）：长80 宽100
作者：郭培

银奖

省份：广西
题名：玉树临风
树种：雀梅
盆景规格（cm）：长90 宽86
作者：黄连辉

银奖

省份：四川
题名：凤栖涧
树种：金弹子
盆景类型：水旱
盆景规格（cm）：长150 宽70 高95
作者：胡开强

银奖

省份：四川
题名：千古沧桑秋依旧
树种：金弹子
盆景类型：树桩盆景
盆景规格（cm）：树高120 树宽110 盆口60
作者：胡世勋

铜奖

省份：上海
题名：一片云
树种：大阪松
作者：上海旺盛园艺有限公司

铜奖

省份：北京
题名：将军
树种：对节白蜡
作者：罗虎元

铜奖

省份：江苏
题名：生机勃勃
树种：瓜子黄杨
盆景类型：树桩
盆景规格（cm）：宽86 高86
作者：刘德祥

铜奖

省份：北京
题名：南海风光
作者：刘宗仁

铜奖

省份：江苏
题名：正气凛然
树种：雀舌罗汉松
作者：如皋绿园

铜奖
省份：浙江
题名：铁骨凌云
树种：真柏
盆景规格（cm）：宽75 高86
作者：台州梁园

铜奖

省份：浙江
题名：赤荫鹤隐
树种：赤松
盆景规格（cm）：宽100 高105
作者：陈正闯

铜奖

省份：浙江
题名：屹立
树种：刺柏
盆景规格（cm）：宽135 高118
作者：孙友祥

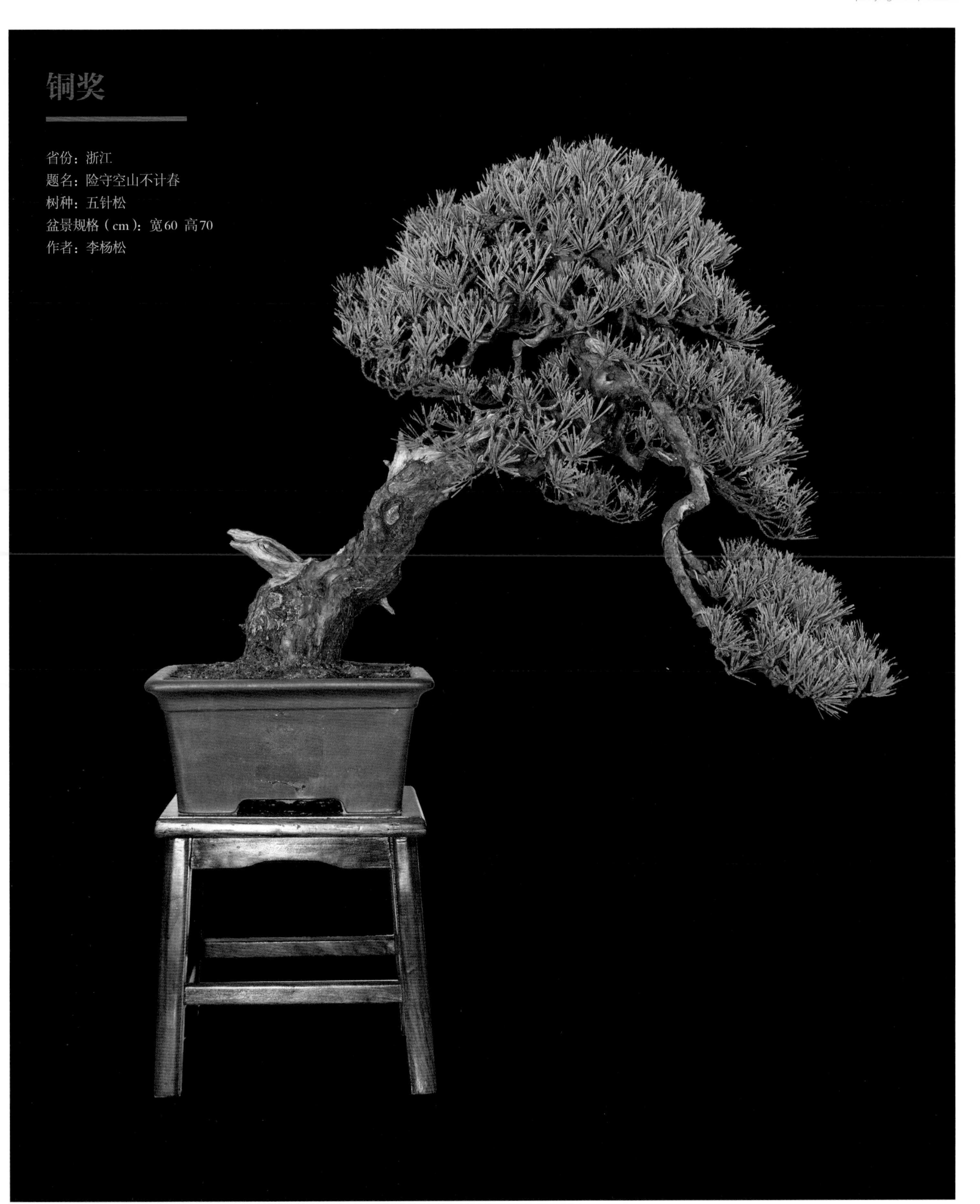

铜奖

省份：浙江
题名：险守空山不计春
树种：五针松
盆景规格（cm）：宽60 高70
作者：李杨松

铜奖

省份：浙江
题名：曲尽姿色
树种：大阪松
盆景规格（cm）：宽78 高56
作者：郭华

铜奖

省份：浙江
题名：层出不穷
树种：大阪松
盆景规格（cm）：宽78 高60
作者：洪明亮

铜奖

省份：浙江
题名：同在屋檐下
树种：五针松
盆景规格（cm）：宽120 高100
作者：杨明来

铜奖

省份：浙江
题名：松林叠翠
树种：罗汉松
盆景规格（cm）：宽100 高90
作者：潘庆山

铜奖

省份：安徽
题名：德寿为象
树种：桧柏
盆景规格（cm）：长40 宽40 高38
作者：徐乐群

铜奖

省份：安徽
题名：小家碧玉
树种：杜鹃
盆景类型：小型
盆景规格（cm）：长60 宽43 高50
作者：胡志松

铜奖

省份：安徽
题名：八骏图
树种：三角枫
盆景规格（cm）：长100 宽50 高70
作者：李廷彪

铜奖

省份：安徽
题名：玲珑虬趣
树种：石榴
盆景规格（cm）：长70 宽45 高70
作者：杨梦君

铜奖

省份：安徽
题名：纵览云飞
树种：真柏
盆景规格（cm）：长135 宽75 高100
作者：杨梦君

铜奖

省份：福建
题名：公孙威武
树种：朴树
盆景规格（cm）：宽80 高100
作者：王国山

铜奖

省份：福建
题名：仙山乐
树种：榆树
盆景规格（cm）：宽86 高142
作者：翁少伟

铜奖

省份：福建
题名：一统江山
树种：朴树
盆景规格（cm）：宽90 高60
作者：康育松

铜奖

省份：福建
题名：平野烟霞
树种：榕树
盆景规格（cm）：宽110 高167
作者：陈文图

铜奖

省份：福建
题名：山之魂
树种：三角梅
盆景规格（cm）：宽88 高138
作者：王国山

铜奖

省份：河南
题名：傲骨凌风
树种：木瓜
盆景类型：观果
盆景规格（cm）：长110 宽56 高106
作者：赖立顺

铜奖

省份：河南
题名：太行风骨
树种：榆树、枸杞
盆景类型：树桩
盆景规格（cm）：长90 宽40 高50
作者：刘驰

铜奖

省份：河南
题名：秋韵
树种：小叶女贞
盆景规格（cm）：长80 宽60 高60
作者：白群法

铜奖

省份：河南
题名：俏不争春
树种：白刺花
盆景类型：树桩
盆景规格（cm）：长100 宽45 高90
作者：朱金水

铜奖

省份：河南
题名：姐妹同根共芳妍
树种：金雀
盆景规格（cm）：长100 宽70 高130
作者：蒋洪亮

铜奖

省份：河南
题名：春雨欲滴
树种：柽柳
盆景类型：树桩
盆景规格（cm）：长100 宽110 高110
作者：郑州市人民公园/张顺舟

铜奖

省份：河南
题名：月是故乡明
树种：石榴
盆景规格（cm）：长60 高80
作者：郑州市西流湖公园

铜奖

省份：河南
题名：翠色欲流
树种：苹果
盆景规格（cm）：长60 宽40 高120
作者：安阳市三角湖公园

铜奖
省份：湖北
题名：翠峰如盖
树种：对节白蜡
盆景规格（cm）：长140 宽55 高130
作者：邵火生

铜奖

省份：广东
题名：千祥云集
树种：黄槿
盆景规格（cm）：长100 宽80 高80
作者：陈昌

铜奖

省份：广东
题名：迎客
树种：山橘
盆景规格（cm）：长110 宽90 高60
作者：陈昌

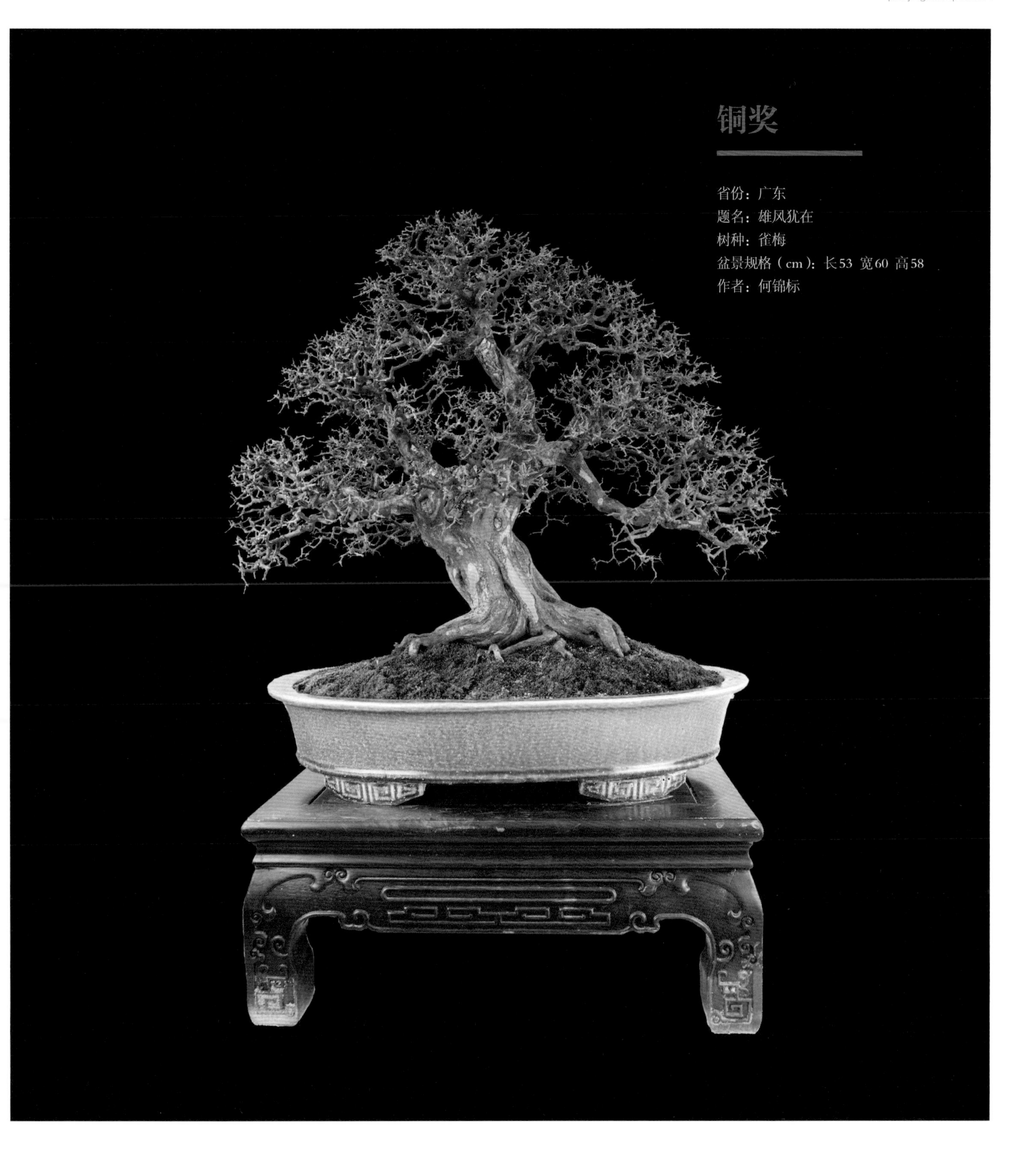

铜奖

省份：广东
题名：雄风犹在
树种：雀梅
盆景规格（cm）：长53 宽60 高58
作者：何锦标

铜奖

省份：广东
题名：随风舒展
树种：相思
盆景规格（cm）：宽75 高90
作者：周维芳

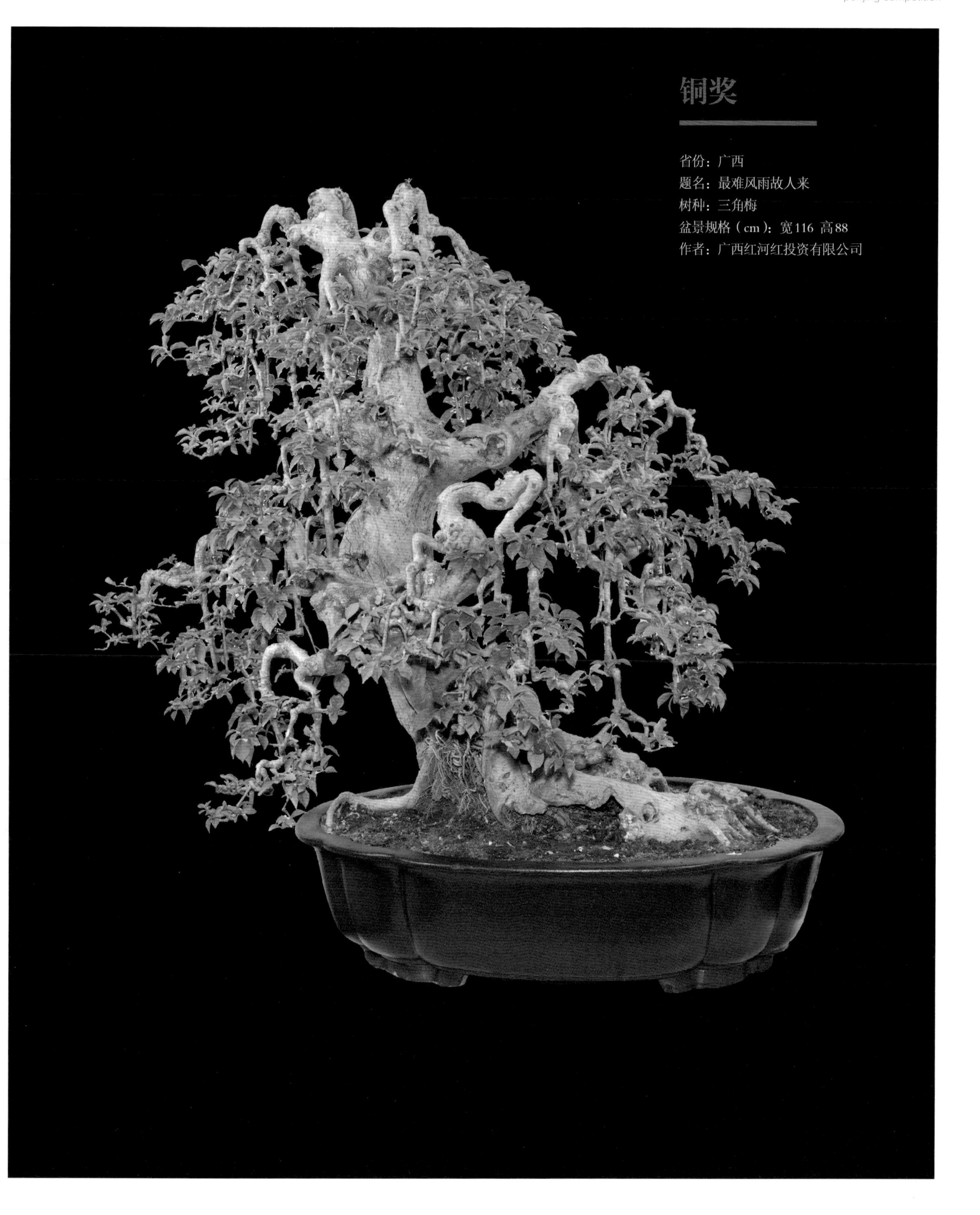

铜奖

省份：广西
题名：最难风雨故人来
树种：三角梅
盆景规格（cm）：宽116 高88
作者：广西红河红投资有限公司

铜奖

省份：河南
题名：嵩岳古韵
树种：柽柳
作者：张顺舟

铜奖

省份：广西
题名：贵妃醉舞
树种：九里香
盆景规格（cm）：宽105 高83
作者：盘青山

铜奖

省份：四川

题名：青云之上

树种：罗汉松

盆景规格（cm）：长70 宽35 高70

作者：郫县川派盆景博览园

铜奖

省份：四川
题名：流连忘返黄山情
树种：金弹子
盆景规格（cm）：长90 宽45 高100
作者：龙远洋

铜奖

省份：四川
题名：蜀江秋韵
树种：金弹子
盆景规格（cm）：直径85 高94
作者：严云龙

铜奖

省份：广西
题名：情趣
树种：雀梅
盆景规格（cm）：宽60 高70
作者：盘青山

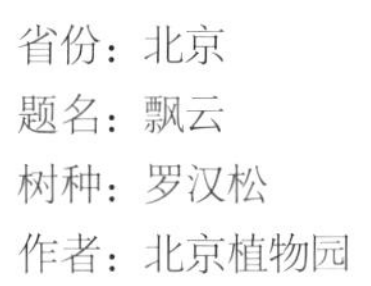

省份：北京
题名：飘云
树种：罗汉松
作者：北京植物园

省份：北京
题名：侧云
树种：侧柏
作者：何巧勇

省份：北京
题名：探月
树种：刺柏
作者：北京房山

省份：山西
题名：清秀
树种：山楂
作者：赵迎春

省份：北京
题名：共根兄弟
树种：黄棘
作者：李宗宝

省份：北京
题名：飞跃长空
树种：刺柏
作者：北京房山

省份：山西
树种：金银花
作者：赵迎春

省份：江苏
题名：探海
树种：真柏
盆景规格（cm）：宽70 飘长80
作者：章明如

省份：山西
题名：春华秋实
树种：苹果
作者：赵迎春

省份：山西
题名：风趣
树种：海棠
作者：赵迎春

省份：上海
题名：老态龙钟
树种：榔榆
作者：上海旺盛园艺有限公司

省份：上海
题名：谦谦君子
树种：大阪松
作者：上海旺盛园艺有限公司

省份：山西
树种：苹果
作者：赵迎春

省份：上海
题名：岁月
树种：真柏
作者：上海旺盛园艺有限公司

省份：江苏
题名：望乡
树种：真柏
盆景规格（cm）：宽60 高65
作者：秦小兵

省份：上海
题名：松韵
树种：大阪松
作者：上海旺盛园艺有限公司

省份：江苏
题名：欣欣向荣
树种：黄杨
盆景规格（cm）：宽25 高82
作者：夏宝林

省份：江苏
题名：源远流长
树种：雀舌罗汉松
盆景规格（cm）：长110 高30
作者：曹建

省份：江苏
题名：飞流直下
树种：雀舌罗汉松
盆景规格（cm）：长100 高40
作者：曹建

省份：江苏
题名：紫霞仙子
树种：杜鹃
盆景规格（cm）：长50 宽50 高80
作者：李小军

省份：江苏
题名：根繁叶茂
树种：雀舌罗汉松
盆景规格（cm）：长120 宽54 高72
作者：卢德稳

省份：江苏
题名：根系故乡情
树种：雀舌罗汉松
盆景规格（cm）：宽140 高73
作者：袁华

省份：江苏
题名：百年遗韵
树种：雀舌罗汉松
盆景规格（cm）：宽110 高74
作者：袁华

省份：安徽
题名：雄风
树种：榆树
盆景规格（cm）：长80 宽55 高120
作者：何红旗

省份：江苏
题名：探海
树种：雀舌罗汉松
作者：如皋绿园

省份：江苏
题名：回眸
树种：雀舌罗汉松
作者：如皋绿园

省份：浙江
题名：悠然
树种：三角枫
盆景规格（cm）：宽88 高79
作者：周修机

省份：浙江
题名：美在名山碧水间
盆景规格（cm）：宽100
作者：王妙青

省份：北京
题名：探云
树种：对节白蜡
作者：罗虎元

省份：江苏
题名：争辉
树种：黄杨
盆景规格（cm）：宽75 高75
作者：秦小兵

省份：江苏
题名：叱咤风云
树种：黑松
盆景规格（cm）：宽65 高88
作者：翟本建

省份：河南
题名：卧龙的传说
树种：榆树
盆景规格（cm）：长110 宽50 高95
作者：朱金水

省份：湖北
题名：侠骨柔情/铮铮铁骨
树种：对节白蜡
盆景规格（cm）：长110 宽85 高110
作者：武汉葱葱木园林绿化有限公司/王炼

省份：江苏
题名：悠悠岁月
树种：雀舌罗汉松
盆景规格（cm）：长110 宽70 高80
作者：瞿卫斌

省份：浙江
题名：回头望月
树种：黑松
盆景规格（cm）：宽140 高105
作者：方国华

省份：浙江
题名：虬枝铁骨撑青空
树种：五针松
盆景规格（cm）：宽80 高65
作者：胡茂杰

省份：浙江
题名：蝉噪林逾静
树种：山楂
盆景规格（cm）：宽90 高91
作者：李杨松

省份：浙江
题名：绝处逢生
树种：黄山松
盆景规格（cm）：宽95 高35
作者：孙建军

省份：浙江
题名：孤立苍穹
树种：天目松
盆景规格（cm）：宽90 高90
作者：沈水泉

省份：浙江
题名：咬定青山
树种：榆树
盆景规格（cm）：宽70 高75
作者：黄魁

省份：浙江
题名：正气歌
树种：黄杨
盆景规格（cm）：宽98 高88
作者：朱关烈

省份：浙江
题名：回眸
树种：雀梅
盆景规格（cm）：宽80 高80
作者：魏建民

省份：浙江
题名：携手
树种：黑松
盆景规格（cm）：宽60 高70
作者：朱伟波

省份：浙江
题名：陶园风
树种：榆树
盆景规格（cm）：宽65 高70
作者：陈锡红

省份：浙江
题名：任尔东西南北风
树种：赤松
盆景规格（cm）：宽110 高90
作者：高联明

省份：浙江
题名：探海
树种：五针松
盆景规格（cm）：宽120 高56
作者：陈迪演

省份：安徽
题名：屹然
树种：真柏
盆景规格（cm）：长70 宽55 高100
作者：吴多高

省份：安徽
题名：福荫
树种：瓜子黄杨
盆景规格（cm）：长65 宽65 高52
作者：吴宏祥

省份：安徽
题名：无题
树种：榆树
盆景规格（cm）：长50 宽45 高40
作者：严云奇

省份：安徽
题名：天柱古松
树种：黑松
盆景规格（cm）：长85 宽70 高80
作者：杨积德

省份：安徽
题名：俯首迎客
树种：枸骨
盆景规格（cm）：长60 宽50 高80
作者：胡国强

省份：安徽
题名：曲铁虬枝
树种：黄山松
盆景规格（cm）：长50 宽40 高50
作者：梁大明

省份：安徽
题名：邀月
树种：黑松
盆景规格（cm）：长80 宽65 高100
作者：徐造金

省份：安徽
题名：瑞云
树种：黑松
盆景规格（cm）：长100 宽70 高100
作者：曹克亭

省份：安徽
题名：博云
树种：黑松
盆景规格（cm）：长70 宽55 高80
作者：曹克亭

省份：安徽
题名：老树嵯峨待早春
树种：榆树
盆景规格（cm）：长85 宽53 高65
作者：章文超

省份：安徽
题名：依恋
树种：对节白蜡
盆景规格（cm）：长60 宽65 高60
作者：许金刘

省份：安徽
题名：将军吟
树种：榆树
盆景规格（cm）：长95 宽50 高70
作者：陈强

省份：安徽
题名：擎天抚云
树种：三角枫
盆景规格（cm）：长100 宽50 高100
作者：李素宾

省份：安徽
题名：鞠躬尽瘁
树种：真柏
盆景规格（cm）：长28 宽25 高45
作者：倪长全

省份：安徽
题名：浓荫华盖
树种：真柏
盆景规格（cm）：长60 宽40 高50
作者：石克龙

省份：安徽
题名：飞流直下
树种：榆树
盆景规格（cm）：长80 宽30 高80
作者：宋云海

省份：安徽
题名：古柏新姿
树种：真柏
盆景规格（cm）：长80 宽50 高80
作者：吴玉龙

省份：安徽
题名：飞天
树种：真柏
盆景规格（cm）：长100 宽50 高100
作者：张振海

省份：福建
题名：仰天长歌
树种：榕树
盆景规格（cm）：宽118 高168
作者：陈孔顿

省份：福建
题名：古渡榕荫
树种：榕树
盆景规格（cm）：宽115 高180
作者：王建昌

省份：福建
题名：雪山寒林
树种：朴树
盆景规格（cm）：宽60 高90
作者：施晋仙

省份：福建
题名：鹤舞
树种：榆树
盆景规格（cm）：宽90 高70
作者：林志强

省份：福建
题名：乡情
树种：榕树
盆景规格（cm）：宽90 高135
作者：曾顺传

省份：福建
题名：翱翔
树种：黑松
盆景规格（cm）：宽95 高161
作者：柯子瑜

省份：福建
题名：将军风范
树种：黑松
盆景规格（cm）：宽95 高140
作者：黄盖尔

省份：福建
题名：风云
树种：榕树
盆景规格（cm）：宽85 高135
作者：蔡晓瑜

省份：福建
题名：碧云凌霄
树种：黄杨
盆景规格（cm）：宽76 高123
作者：马浩添

省份：福建
题名：榆林野趣
树种：榆树
盆景规格（cm）：宽90 高130
作者：郑义民

省份：福建
题名：龙腾九霄
树种：榕树
盆景规格（cm）：宽100 高145
作者：蔡子章

省份：浙江
题名：惠风和畅
树种：雀梅
盆景规格（cm）：宽80 高60
作者：袁梦姣

省份：江苏
题名：云海
树种：榆树
作者：如皋绿园

省份：河南
题名：回春
树种：黄荆
盆景规格（cm）：长108 宽62 高89
作者：驻马店盆景协会/刘秀根

省份：河南
题名：万寿榆的传说
树种：青檀
盆景规格（cm）：长15 宽66 高96
作者：驻马店盆景协会/刘秀根

省份：河南
题名：松伴云风待雅客
树种：柽柳
盆景规格（cm）：长115 宽60 高120
作者：马建新

省份：山西
树种：苹果
作者：赵迎春

省份：河南
题名：东岳秀峰
树种：三角枫
盆景规格（cm）：长140 宽130 高120
作者：信阳嘉园

省份：福建
题名：接福罗汉
树种：罗汉松
盆景规格（cm）：宽92 高175
作者：李荣光

省份：河南
题名：春华秋实
树种：山楂
盆景规格（cm）：长120 宽110 高80
作者：任洪涛

省份：河南
题名：盛世雄风
树种：榆树
盆景规格（cm）：长140 宽80 高115
作者：金涛

省份：河南
题名：秋实
树种：冬红果
盆景规格（cm）：长75 宽60 高80
作者：杨纪章

省份：河南
题名：中州魂
树种：雀梅
盆景规格（cm）：长80 宽60 高70
作者：杨纪章

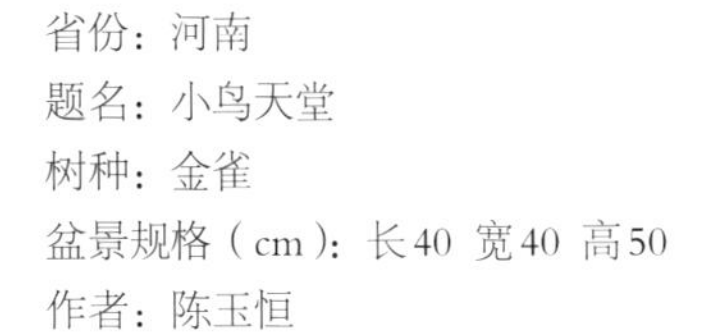

省份：河南
题名：小鸟天堂
树种：金雀
盆景规格（cm）：长40 宽40 高50
作者：陈玉恒

省份：河南
题名：南国沧桑
树种：三角梅
盆景规格（cm）：长100 宽65 高120
作者：赵强

省份：河南
题名：中国元素
树种：多种植物组合
盆景规格（cm）：宽80 高95
作者：黄先荣

省份：河南
题名：相聚
树种：多种植物组合
盆景规格（cm）：宽70 高90
作者：常运生

省份：河南
题名：伴月同辉
树种：多种植物组合
盆景规格（cm）：宽60 高96
作者：黄先荣

省份：河南
题名：云壑凌风
树种：黄荆
盆景规格（cm）：长60 宽50 高90
作者：常运生

省份：河南
题名：志在凌风
树种．黄荆
盆景规格（cm）：长65 宽40 高60
作者：黄先荣

省份：河南
题名：危崖成秀
树种：柽柳
盆景规格（cm）：长60 宽30 高70
作者：丁仲琳

省份：河南
题名：秋林遗韵
树种：杜鹃
盆景规格（cm）：长115 宽65 高75
作者：沈印平

省份：河南
题名：中州隐士
树种：刺柏
盆景规格（cm）：长80 宽50 高85
作者：郑州老干部协会

省份：河南
题名：春风拂面
树种：柽柳
盆景规格（cm）：长45 宽60 高80
作者：郑州植物园

省份：河南
题名：年年有余
树种：榔榆
盆景规格（cm）：长110 宽75 高95
作者：靳运桥

省份：河南
题名：兄弟情深
树种：榔榆
盆景规格（cm）：长80 宽75 高120
作者：郭柯

省份：河南
题名：古朴情深
树种：朴树
盆景规格（cm）：长95 宽70 高110
作者：于卫红

省份：河南
题名：古木逢春
树种：榆树
盆景规格（cm）：长45 宽30 高95
作者：李丰铎

省份：河南
题名：平步青云
树种：三春柳
盆景规格（cm）：长100 宽120 高100
作者：郑州市紫荆山公园/郑建庆

省份：湖北
题名：活峰破云
树种：对节白蜡
盆景规格（cm）：长145 宽60 高125
作者：武汉光谷园艺

省份：湖北
题名：巍巍拥翠
树种：对节白蜡
盆景规格（cm）：长130 宽60 高120
作者：武汉光谷园艺

省份：湖北
题名：层林叠翠
树种：对节白蜡
盆景规格（cm）：长150 宽75 高130
作者：邵火生

省份：湖北
题名：红岩
树种：黄山松
盆景规格（cm）：长130 高118
作者：东湖盆景园/高洪银

省份：湖北
题名：松鹊
树种：赤松
盆景规格（cm）：长70 宽70
作者：东湖盆景园/高洪银

省份：湖北
题名：追月
树种：黑松
盆景规格（cm）：长90 高110
作者：东湖盆景园/雷亮

省份：江苏
树种：黄杨
作者：陈建

省份：湖北
题名：立马望荆州
树种：对节白蜡
盆景规格（cm）：长70 宽45 高84
作者：周民华

省份：湖北
题名：兄弟
树种：三角枫
盆景规格（cm）：长90 宽50 高85
作者：周民华

省份：湖北
题名：翠玉春色
树种：金枝玉叶
盆景规格（cm）：长100 宽75 高95
作者：周民华

省份：湖北
题名：伟岸
树种：榆树
盆景规格（cm）：长110 宽90 高115
作者：武汉解放公园盆景园/周宏友

省份：湖北
题名：展翅
树种：黑松
盆景规格（cm）：长110 宽70 高85
作者：武汉解放公园盆景园/周宏友

省份：湖北
题名：古木新绿
树种：黑松
盆景规格（cm）：长110 宽70 高90
作者：武汉解放公园盆景园/周宏友

省份：湖北
题名：彬彬有礼
树种：赤松
盆景规格（cm）：长90 宽60 高85
作者：武汉解放公园盆景园/陈金国

省份：湖北
题名：探幽
树种：黑松
盆景规格（cm）：长70 宽80 高55
作者：武汉解放公园盆景园/陈金国

省份：广东
题名：峭壁攒锋千万枝
树种：雀梅
盆景规格（cm）：飘长100
作者：吴成发

省份：湖北
题名：汉唐气象
树种：柞木
盆景规格（cm）：长115 宽60 高110
作者：刘永辉

省份：广东
题名：英姿迎风
树种：雀梅
盆景规格（cm）：宽55 高70
作者：王耀成

省份：广东
题名：坐看风云
树种：枸骨
盆景规格（cm）：宽75 高80
作者：王耀成

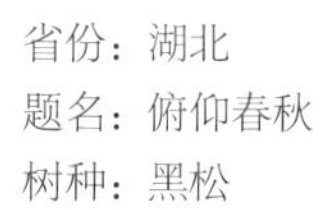

省份：湖北
题名：俯仰春秋
树种：黑松
盆景规格（cm）：长95 宽80 高105
作者：武汉解放公园盆景园/杜方国

省份：四川
题名：铁干凌风
树种：金弹子
盆景规格（cm）：长110 宽50 高100
作者：干风鸣

省份：广东
题名：盛世华风
树种：山松
盆景规格（cm）：长100 宽120 高95
作者：欧阳祖根

省份：广东
题名：春秋风云
树种：榕树
盆景规格（cm）：长80 宽100 高80
作者：陈治辛

省份：广东
题名：共伊偕老
树种：朴树
盆景规格（cm）：长85 宽100 高70
作者：陈治辛

省份：广东
题名：悬崖叠翠
树种：簕杜鹃
盆景规格（cm）：宽70 高70
作者：郭培

省份：广东
题名：古梅逢盛世
树种：雀梅
盆景规格（cm）：长95 宽110 高80
作者：仇伯洪

省份：广西
题名：古榕新姿
树种：小叶榕
盆景规格（cm）：宽116 高120
作者：盘青山

省份：广东
题名：岭南卧龙
树种：朴树
盆景规格（cm）：长120 宽85 高55
作者：仇伯洪

省份：广西
题名：榆林秋色
树种：榆树
盆景规格（cm）：宽70 高125
作者：广西深根园林工程有限公司

省份：广西
题名：凤舞祥云
树种：小叶榕
盆景规格（cm）：宽90 高125
作者：黄伟清

省份：广西
题名：榆林春色
树种：榆树
盆景规格（cm）：宽80 高108
作者：冯斌

省份：广西
题名：小鸟天堂
树种：雀梅
盆景规格（cm）：宽98 高105
作者：卢威明

省份：广西
题名：崔林秋色
树种：崔梅
盆景规格（cm）：宽88 高120
作者：黄志清

省份：广西
题名：群贤毕至
树种：博兰
盆景规格（cm）：宽48 高90
作者：黄志清

省份：广西
题名：博兰幽静处
树种：博兰
盆景规格（cm）：宽50 高62
作者：冯斌

省份：四川
题名：几度秋
树种：罗汉松
盆景规格（cm）：长100 宽120 盆口60
作者：杨勇

省份：四川
题名：麒麟祝寿
树种：银杏
盆景规格（cm）：长100 宽40 高120
作者：龚国文

省份：湖北
题名：岁月如歌
树种：黑松
盆景规格（cm）：长110 宽90 高100
作者：武汉解放公园盆景园/杜方国

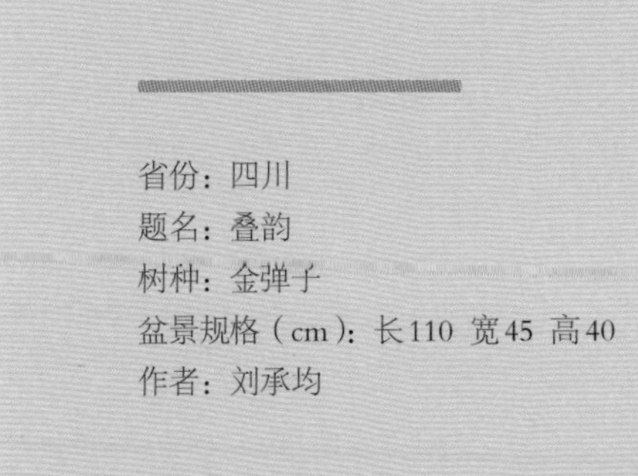

省份：四川
题名：叠韵
树种：金弹子
盆景规格（cm）：长110 宽45 高40
作者：刘承均

省份：四川
题名：南海神韵
树种：对节白蜡
盆景规格（cm）：长100 宽60
作者：周树成

省份：青海
题名：山榴红景
树种：石榴
作者：周玉海

附　录

第二届中国杯盆景大赛参展盆景（总冠军）

序号	省份	题名	树种	作者	评委评分编号	获奖情况
198	广东	王者至尊	香楠	陈昌	171	总冠军

第二届中国杯盆景大赛参展盆景（金奖）

序号	省份	题名	树种	作者	评委评分编号	获奖情况
31	江苏	跃龙门	雀舌罗汉松	王如生	9	金奖
32	江苏	窥谷	雀舌罗汉松	徐海全	15	金奖
26	江苏	汉柏凌云	真柏	徐俊	18	金奖
9	北京	春风帆影	/	高存	30	金奖
74	浙江	苍苍横翠微	五针松	杨明来	39	金奖
58	浙江	雄踞	榆树	徐立新	49	金奖
194	湖北	向上	对节白蜡	刘永辉	85	金奖
108	福建	心明	榆树	叶宗裕	109	金奖
234	广西	志在凌云	贵妃罗汉松	马荣进	126	金奖
221	广东	更上一层楼	三角梅	周衍文	130	金奖
183	湖北	飞龙在天	对节白蜡	邢进科	139	金奖
204	广东	疏影横斜水清浅	虎斑榕	吴成发	158	金奖
207	广东	云重枝垂姿紫作荫	簕杜鹃	吴成发	162	金奖
199	广东	铁骨铮铮	博兰	陈昌	167	金奖
206	广东	金风玉露一相逢	雀梅	吴成发	170	金奖
245	四川	几度秋	金弹子	胡世勋	174	金奖
123	河南	绿荫如水钓闲情	柽柳	马建新	190	金奖
19	上海	鲲鹏展翅	大阪松	上海旺盛园艺有限公司	223	金奖

（续）

序号	省份	题名	树种	作者	评委评分编号	获奖情况
23	上海	恬淡	真柏	上海旺盛园艺有限公司	227	金奖

第二届中国杯盆景大赛参展盆景（银奖）

序号	省份	题名	树种	作者	评委评分编号	获奖情况
38	江苏	浩然回首	雀舌罗汉松	陈志祥	3	银奖
30	江苏	听涛	真柏	翟本建	20	银奖
4	北京	柏魂	真柏	何巧勇	29	银奖
60	浙江	英姿	雀梅	周孟松	38	银奖
69	浙江	写心	真柏	刘赟	53	银奖
82	安徽	风雅颂歌	真柏	江四九	57	银奖
165	湖北	题西林壁	对节白蜡	邵火生	80	银奖
184	湖北	献寿	对节白蜡	刑学会	82	银奖
177	湖北	青崖放鹿	对节白蜡	武汉兴农园艺有限责任公司/严志龙	88	银奖
176	湖北	七君子	三角枫	武汉兴农园艺有限责任公司/严志龙	91	银奖
119	福建	和谐	榆树	刘文和	105	银奖
107	福建	赶云	黑松	陈永锋	108	银奖
230	广西	玉树临风	雀梅	黄连辉	118	银奖
211	广东	南国三月	两面针	黄震宇	129	银奖
67	浙江	巅松	天目松	卢和平	145	银奖
72	浙江	旋舞	五针松	陈迪演	150	银奖
56	浙江	不破不立	榆树	黄学明	151	银奖
66	浙江	松林春晓	五针松	张荣亭	153	银奖
218	广东	峭壁飞檐	簕杜鹃	郭培	156	银奖
215	广东	鹤舞	雀梅	赵德良	165	银奖
200	广东	惠风和畅	对节白腊	陈昌	166	银奖
203	广东	回首展翠	山松	陈昌	172	银奖
235	四川	风栖涧	金弹子	胡开强	175	银奖
244	四川	千古沧桑秋依旧	金弹子	胡世勋	177	银奖

（续）

序号	省份	题名	树种	作者	评委评分编号	获奖情况
125	河南	共荣	野山楂	白新强	184	银奖
160	河南	迎秋	三角枫	冯如林	188	银奖
148	河南	苍荆溢趣	黄荆	付士平	198	银奖
155	河南	春风又绿二岸柳	柽柳	郑州市西流湖公园	203	银奖
164	河南	黄河情	柽柳	郑州铁路局中州盆景协会/赵留群	210	银奖
20	上海	草书	地柏	上海旺盛园艺有限公司	224	银奖

第二届中国杯盆景大赛参展盆景（铜奖）

序号	省份	题名	树种	作者	评委评分编号	获奖情况
112	福建	平野烟霞	榕树	陈文图	1	铜奖
36	江苏	生机勃勃	瓜子黄杨	刘德祥	7	铜奖
44	江苏	正气凛然	雀舌罗汉松	如皋绿园	16	铜奖
1	北京	将军	对节白蜡	罗虎元	27	铜奖
10	北京	南海风光	/	刘宗仁	35	铜奖
64	浙江	险守空山不计春	五针松	李杨松	37	铜奖
75	浙江	同在屋檐下	五针松	杨明来	40	铜奖
47	浙江	铁骨凌云	真柏	台州梁园	42	铜奖
54	浙江	屹立	刺柏	孙友祥	44	铜奖
76	浙江	松林叠翠	罗汉松	潘庆山	48	铜奖
101	安徽	纵览云飞	真柏	杨梦君	54	铜奖
77	安徽	小家碧玉	杜鹃	胡志松	59	铜奖
83	安徽	德寿为象	桧柏	徐乐群	63	铜奖
94	安徽	八骏图	三角枫	李廷彪	67	铜奖
100	安徽	玲珑虬趣	石榴	杨梦君	75	铜奖
166	湖北	翠峰如盖	对节白蜡	邵火生	79	铜奖
104	福建	公孙威武	朴树	王国山	98	铜奖
120	福建	仙山乐	榆树	翁少伟	102	铜奖

（续）

序号	省份	题名	树种	作者	评委评分编号	获奖情况
106	福建	一统江山	朴树	康育松	103	铜奖
105	福建	山之魂	三角梅	王国山	110	铜奖
231	广西	情趣	雀梅	盘青山	116	铜奖
229	广西	贵妃醉舞	九里香	盘青山	122	铜奖
226	广西	最难风雨故人来	三角梅	广西红河红投资有限公司	125	铜奖
216	广东	随风舒展	相思	周维芳	128	铜奖
71	浙江	层出不穷	大阪松	洪明亮	144	铜奖
70	浙江	曲尽姿色	大阪松	郭华	147	铜奖
50	浙江	赤荫鹤隐	赤松	陈正闯	148	铜奖
210	广东	雄风犹在	雀梅	何锦标	161	铜奖
201	广东	千祥云集	黄槿	陈昌	164	铜奖
202	广东	迎客	山橘	陈昌	168	铜奖
243	四川	蜀江秋韵	金弹子	严云龙	180	铜奖
236	四川	青云之上	罗汉松	郫县川派盆景博览园	182	铜奖
241	四川	流连忘返黄山情	金弹子	龙远洋	183	铜奖
130	河南	俏不争春	白刺花	朱金水	185	铜奖
145	河南	太行风骨	榆树、枸杞	刘驰	191	铜奖
129	河南	秋韵	小叶女贞	白群法	199	铜奖
247	河南	嵩岳古韵	柽柳	张顺舟	202	铜奖
149	河南	姐妹同根共芳妍	金雀	蒋洪亮	207	铜奖
154	河南	月是故乡明	石榴	郑州市西流湖公园	213	铜奖
126	河南	傲骨凌风	木瓜	赖立顺	215	铜奖
17	上海	一片云	大阪松	上海旺盛园艺有限公司	221	铜奖
151	河南	春雨欲滴	柽柳	郑州市人民公园/张顺舟	237	铜奖
157	河南	翠色欲流	苹果	安阳市三角湖公园	238	铜奖

第二届中国杯盆景大赛新锐奖5名

序号	省份	姓名	创作年限	出生年月	年龄	获奖情况
1	江苏	翟本建	20	1978.01	39	银奖
2	江苏	徐海全	22	1982.04	35	金奖
3	河南	刘驰	17	1977.05	40	铜奖
4	河南	赖立顺	20	1973.11	44	铜奖
5	四川	周树成	27	1975.01	42	

第二届中国杯盆景大赛最具潜力奖

序号	省份	题名	树种	作者	评委评分编号
101	安徽	纵览云飞	真柏	杨梦君	54
13	山西	春华秋实	苹果	赵迎春	231
24	江苏	欣欣向荣	黄杨	夏宝林	11
240	四川	叠韵	金弹子	刘承均	173
165	湖北	题西林壁	对节白蜡	邵火生	80

第二届中国杯盆景大赛最受观众欢迎奖

序号	省份	题名	树种	作者	评委评分编号
31	江苏	跃龙门	雀舌罗汉松	王如生	9
38	江苏	浩然回首	雀舌罗汉松	陈志祥	3
198	广东	王者至尊	香楠	陈昌	171
207	广东	云重枝垂姿紫作荫	簕杜鹃	吴成发	162
243	四川	蜀江秋韵	金弹子	严云龙	180